Moritz Bredemeier

Einfluss verschiedener Magnesiumchlorid-Konzentrationen auf die NH3-Emission aus landwirtschaftlich genutzten Böden nach Gärrestapplikation

AF570998

Bibliografische Information der Deutschen Nationalbibliothek:

Bibliografische Information der Deutschen Nationalbibliothek: Die Deutsche Bibliothek verzeichnet diese Publikation in der Deutschen Nationalbibliografie; detaillierte bibliografische Daten sind im Internet über http://dnb.d-nb.de/ abrufbar.

Dieses Werk sowie alle darin enthaltenen einzelnen Beiträge und Abbildungen sind urheberrechtlich geschützt. Jede Verwertung, die nicht ausdrücklich vom Urheberrechtsschutz zugelassen ist, bedarf der vorherigen Zustimmung des Verlages. Das gilt insbesondere für Vervielfältigungen, Bearbeitungen, Übersetzungen, Mikroverfilmungen, Auswertungen durch Datenbanken und für die Einspeicherung und Verarbeitung in elektronische Systeme. Alle Rechte, auch die des auszugsweisen Nachdrucks, der fotomechanischen Wiedergabe (einschließlich Mikrokopie) sowie der Auswertung durch Datenbanken oder ähnliche Einrichtungen, vorbehalten.

Copyright © 2014 Diplomica Verlag GmbH
Druck und Bindung: Books on Demand GmbH, Norderstedt Germany
ISBN: 9783961166077

http://www.diplom.de/ ... er-magnesiumchlorid-
konzentrationen-auf-d

FSC
www.fsc.org
MIX
Papier aus verantwortungsvollen Quellen
Paper from responsible sources
FSC® C105338

Moritz Bredemeier

Einfluss verschiedener Magnesiumchlorid-Konzentrationen auf die NH3-Emission aus landwirtschaftlich genutzten Böden nach Gärrestapplikation

Diplom.de

Inhaltsverzeichnis

Darstellungsverzeichnis

Abkürzungsverzeichnis

g	Gramm
kg	Kilogramm
mg	Milligramm
ha	Hektar
m^3	Kubikmeter
h	Stunde
t	Tonne
CO_2	Kohlenstoffdioxid
NH_3	Ammoniak
NH_4	Ammonium
CO_3	Carbonat
Mg	Magnesium
$MgCl_2$	Magnesiumchlorid
$MgNH_4PO_4$	Magnesiumammoniumphosphat
H_3PO_4	Phosphorsäure
HCl	Salzsäure
HNO_3	Salpetersäure
H_2SO_4	Schwefelsäure
MAP	Magnesiumammoniumphosphat
TS	Trockensubstanz
TM	Trockenmasse
r_a	Widerstand in der turbulenten Schicht
r_b	Widerstand in der laminaren Grenzschicht
r_c	Widerstand an der Oberfläche des Substrats
EEG	Erneuerbare-Energien-Gesetz
F_a	NH_3-Flux
$K(u)$	Transportkoeffizient
C_N	NH_3-Konz. Im Substrat
C_A	NH_3-Konz. Atmosphäre
NaWaRo	Nachwachsende Rohstoffe

1. Einleitung

Stickstoffverluste infolge von Ammoniakentgasung verringern den Düngewert landwirtschaftlicher Substrate (Sommer und Olesen, 1993) und führen dadurch zu finanziellen Einbußen (Katz, 1996). Durch diese gasförmigen Verluste wurden 1999 in Deutschland insgesamt 672.000t NH_3 in die Atmosphäre ausgestoßen, wovon ca. 552.000 t auf die Tierproduktion entfallen. Dabei entweichen 41 % des NH_3 im Stall bzw. auf der Weide, 39 % bei der Ausbringung der Exkremente als Dünger sowie 20 % bei der Lagerung der Gülle (Eurich-Menden et al., 2002). Ein kleinerer, dennoch aber nicht unerheblicher Teil der Ammoniak-Verflüchtigung lässt sich aber auch der mineralischen Stickstoffdüngung zuordnen. (Dersch & Böhm, 1997). Außerdem gibt es seit einigen Jahren mit den in Biogasanlagen anfallenden Gärrückständen eine weitere Quelle für schwerwiegende NH_3-Verluste auf die im folgenden Abschnitt näher eingegangen wird.

Um die Klimaschutzziele des Kyoto-Protokolls in die Praxis umzusetzen sollte der Anteil an erneuerbaren Energiequellen an der gesamten Energieerzeugung in Deutschland bis 2010 auf 20% angehoben werden. Somit wurden im Rahmen des EEG (§8 (2), Erneuerbare-Energien-Gesetz) finanzielle Unterstützungen für den Bau von Biogasanlagen sowie ein NaWaRo-Zuschlag für die Stromerzeugung aus nachwachsenden Rohstoffen als Anreiz geboten. Folglich nahm die Zahl der Biogasanlagen in den letzten Jahren stark zu (Gericke et al., 2007) und dementsprechend auch die Menge der anfallenden Gärrückstände. Diese entstehen während des Biogasprozesses, der in vier Phasen unterteilt werden kann: Hydrolyse, die Versäuerungsphase, die Essigsäurebildung und die Methanbildung (Gruber, 2004). Als Ausgangssubstrat für die Biogasproduktion kommt dem Silomais mit einer Anbaufläche von 240.000 ha in 2007 die größte Bedeutung zu (Miehe et al., 2007). Die Gärrückstände werden als Wirtschaftsdünger verwendet und weisen aufgrund einer geringeren Menge an biologisch gebundenem Stickstoff eine bessere N-Düngewirkung als unvergorenes Substrat auf (Biskupek, 1998). Auch der Ammonium-Anteil ist mit 50 bis 60 % (Schulz, 2007) des Gesamtstickstoffs höher als in tierischer Gülle. Dadurch und durch einen höheren pH-Wert ist das Risiko der NH_3- Verflüchtigung nach der Ausbringung oder sogar schon während der Lagerung in offenen Behältern recht hoch (Möller, 2011). Neben Stickstoff liefert Gärrest aber auch andere Nährstoffe wie Phosphor und Kalium in recht hohen Mengen, sodass bei reinem Getreideanbau sogar eine Anreicherung von Kalium erreicht werden kann. Die organische Substanz von vergorenem Substrat ist durch den Abbau zu Methan und Kohlenstoffdioxid während des Gärprozesses natürlich geringer als bei tierischen Güllen und trägt von daher vergleichsweise weniger stark zur Verbesserung der Humusbilanz bei. Allerdings führt der Abbau der organischen Substanz zu verbesserten Fließeigenschaften, sodass der Gärrest schneller in den Boden infiltrieren kann und das NH_3-Verlustpotential vermindert wird (Wörle, 2010). Außerdem sind hohe Anteile der Nährstoffe dadurch im Vergleich zu schwer abbaubaren Reststoffen oder Düngern wie Stroh oder Kompost direkt pflanzenverfügbar (Formowitz, 2012).

Tabelle 1. Typische Gärrest-Zusammensetzung einer landwirtschaftlichen Biogasanlage (Brüß, 2009)

Parameter	Abkürzung	Einheit	Konzentration
Gesamt-Stickstoff	Nges.	kg/m^3	3–7
Ammonium-Stickstoff	NH4-N	kg/m^3	2,5 – 6,5
Gesamt-Phosphor	Pges.	kg/m^3	1,0 – 2,5
Kalium	K	kg/m^3	0,8 – 4,2
Viskosität		mPas	4 – 15

Der aus dem vergorenen Substrat in die Atmosphäre entweichende Ammoniak entsteht durch die Hydrolyse des Harnstoffs oder durch Mikroorganismen die stickstoffhaltige Verbindungen zersetzen (Schefferle, 1965) und befindet sich in einem Gleichgewicht mit NH_4 und H^+ (Sherlock & Goh, 1984). Durch eine Erhöhung des pH-Werts bis in den alkalischen Bereich verschiebt sich die Gleichgewichtsreaktion $NH_3 + H^+ <> NH_4$ auf die linke Seite zum Ammoniak (Schulz, 2007). Weitere, die Ammoniakentgasung beeinflussende Eigenschaften des Substrats sind der Trockenmasse- und Ammoniumgehalt. Neben hohen Temperaturen während der Ausbringung wirken sich auch die Windgeschwindigkeit, die Luftfeuchtigkeit, Niederschläge, die Kationen–Austausch-Kapazität, der Humusgehalt und die Durchlässigkeit des Bodens sowie die Applikationstechnik auf die Ammoniakverluste aus (Katz, 1996). Den größten Stellenwert zur Verminderung des Verlustrisikos nimmt neben der Beachtung der oben genannten Einflussfaktoren die Einarbeitung der ausgebrachten organischen Dünger direkt nach der Applikation ein (Wendland et al., 2009). Ammoniakemissionen führen aber nicht nur zu wirtschaftlichen Verlusten, sondern wirken sich auch negativ auf die Umwelt aus. Ammoniak reagiert nach der Verflüchtigung in der Luft rasch mit sauren Verbindungen wie z.B. Schwefeldioxid oder Stickstoffoxiden zu Ammoniumsalzen. Dadurch entstehen Schwebstäube, sogenannte Aerosole, welche sich einfach in der Luft verteilen können (Stroh et al., 2013). An anderen Stellen kommt es dann zur Deposition des Stickstoffs und damit zu Eutrophierung bzw. Bodenversauerung (Huijsmans et al., 2001) von Naturstandorten und Waldökosystemen (Roelofs, 1986). Auch die Verfügbarkeit bestimmter Nährstoffe verändert sich durch die Einträge, sodass es auf manchen Standorten zu Mangelerscheinungen an Pflanzen kommen kann (Huijsmans et al., 2001). Zur Reduktion der Ammoniakemissionen während der Ausbringung sowie Lagerung von Wirtschaftsdüngern in der Landwirtschaft gibt es bereits einige Versuchsanstellungen. Neben einigen physikalischen Methoden zu denen z.B. die ordnungsgemäße Lagerung oder Applikationstechnik bei der Ausbringung gehören gibt es außerdem chemische Reduktionsmethoden. Diesen liegen entweder eine Versauerung des Substrats durch Zugabe von mineralischen (H_3PO_4, HCl, HNO_3, H_2SO_4) oder organischen Säuren (Milch- und Essigsäure) oder eine Verminderung des pH-Anstiegs durch Carbonatfällung zu Grunde. Des Weiteren können Kohlenhydrate zugesetzt werden, die dann von den vorhandenen Mikroogranismenpopulationen vergoren werden, sodass sich Carbonsäuren bilden, die den pH-Wert ähnlich wie durch Zudosierung von organischen Säuren absenken. (Clemens & Wulf, 2005). Um die beschriebene Fällung von Carbonaten zu erreichen können Magnesium- und Calciumsalze eingesetzt werden. Die Absenkung des pH-Werts hat eine Verschiebung des NH_3/NH_4^+ – Gleichgewichts in Richtung einer höheren NH_4-Konzentration zur Folge (Witter & Kirchmann, 1989a). Weitere Reduktionsmechanismen sind die Immobilisierung des Stickstoffs durch Strohgaben (Kirchmann & Witter, 1989b) oder die Adsorption an bspw. Torf oder Siedesteinen. Der Grund für die Wahl dieser Naturmaterialien ist die hohe Kationenaustauschkapazität des Torfs und die hohe Affinität von Siedesteinen zu Ammonium (Witter & Kirchmann, 1989c). Des Weiteren wird in Kläranlagen die Ausfällung von Magnesium-Ammonium-Phosphaten durch die Zugabe von Magnesium-, Calcium- oder Eisensalzen zur Phosphor-Rückgewinnung genutzt (Römer, 2003), möglicherweise kann dadurch auch die NH_3-Emission aus Wirtschaftsdüngern wie z.B. Gärrest vermindert werden.

In der vorliegenden Arbeit wird der Einfluss verschiedener Magnesiumchlorid-Konzentrationen auf die NH_3-Emission aus landwirtschaftlich genutzten Böden nach Gärrestapplikation präsentiert. Für das Experiment wird ein automatisches Boden-Inkubations-System verwendet. Dabei wurden die NH_3-Verluste mithilfe von Säurefallen gemessen, um eine Beziehung zwischen den Stickstoffverlusten und der Behandlung mit $MgCl_2$ herzustellen. Bei dem dafür verwendeten Boden handelt es sich um lehmigen Sand von dem Versuchsgut Reinshof, dessen Gehalt an mineralischem Stickstoff ebenfalls bestimmt wurde. Insgesamt wurden drei verschiedene Magnesiumchlorid-Konzentrationen getestet.

2. Material und Methoden

Um den Einfluss von $MgCl_2$ auf die NH_3-Volatilisation aus mit Gärrest behandeltem Boden zu untersuchen wurde ein komplett automatisches Bodeninkubationsexperiment in dem Labor des IAPN (Institute of Applied Plant Nutrition, Universität Göttingen) durchgeführt. Um die NH_3-Volatilisation zu messen wurden geschlossene PVC-Töpfe verwendet, durch die ein konstanter Luftstrom geleitet wurde.

2.1. Boden

Der für das Experiment verwendete Boden stammt von dem Versuchsgut Reinshof der Georg-August-Universität Göttingen und wurde dort 2012 entnommen. Hierbei handelt es sich um einen lehmigen Boden bzw. genauer gesagt um eine Parabraunerde mit einem pH-Wert von 7. Der Boden wurde luftgetrocknet bis zu einer Wasserhaltekapazität von ca. 35%, durchmischt, mit einem 4mm Sieb abgesiebt und anschließend für das Experiment wieder bis ca. 65% der maximalen Wasserkapazität angefeuchtet. Nach dem Versuch wurde der Boden sehr gut durchmischt um ein homogenes Material zu erhalten und im Trockenofen bei 105°C für 24 Stunden getrocknet und daraufhin der Trockenmassegehalt gravimetrisch bestimmt. Dieser betrug 871g kg^{-1}.

Tabelle 2. Eigenschaften des verwendeten Gärrests (eigene Darstellung).

Experiment	pH-Wert	Trockenmasse (g kg^{-1})	% NH_4-N	Applikationsrate (g $Topf^{-1}$)
NH_3-Verflüchtigung	7,9	60,2	0,38	105

2.2. Gärrest

Der Gärrest, der für das Experiment eingesetzt wurde stammt aus einer Biogasanlage bei Hameln, in der ausschließlich Mais als Gärsubstrat verwendet wird. Die Applikationsrate des Gärrests betrug für alle Wiederholungen $32m^3$ ha^{-1}, also 105 g $Topf^{-1}$. Vor Beginn des Versuchs wurde eine N_{min}-Analyse durchgeführt, dafür wurden 5 g Gärrest mit 120 ml 0,0125 M $CaCl_2$ versetzt und anschließend für zwei Stunden geschüttelt. Es wurde ein NH_4-Gehalt von 0,375 % festgestellt, somit wurden pro Topf 375 mg NH_4-N appliziert. Vor der Applikation wurde die gewünschte Menge Substrat in insgesamt 15 Gefäße gefüllt und mit den verschiedenen $MgCl_2$-Konzentrationen vermischt. Dieses Gemisch wurde dann für 48 Stunden geschüttelt. Weitere Charakteristika des Gärrests sind in Tabelle 2 dargestellt.

Abbildung 1. Inkubationssystem des Experiments um emittiertes NH_3 aufzufangen. Die Abbildung zeigt geöffnete PVC-Töpfe mit appliziertem Gärrest und den Säurefallen innerhalb der Töpfe. Die silberfarbenden Leitungen werden an die Deckel der Töpfe angeschlossen und führen zu den Säurefallen außerhalb der Töpfe (eigene Darstellung).

2.3. Inkubationssystem

Für das Experiment wurden PVC-Töpfe benutzt (20cm Höhe, 20cm Durchmesser), die mit jeweils 5,2 kg Boden gefüllt wurden. Der Boden wurde leicht verdichtet und mit destilliertem Wasser befeuchtet. Zwei Wochen später wurde der Inhalt der Töpfe unmittelbar vor der Gärrest-Applikation erneut bewässert. Dann erfolgte die Applikation mit 100 g behandeltem Gärrest $Topf^{-1}$, entsprechend $32m^3$ ha^{-1}. Aufgrund dessen, dass bei der Applikation immer ein kleiner Rest in den Gefäßen verbleibt, wurde ein Zuschlag von 5 g gewählt, sodass insgesamt 105 g Gärrest $Gefäß^{-1}$ abgefüllt wurden. Die Töpfe wurden daraufhin sofort abgedichtet, um Gasaustausch mit der Umgebungsluft zu vermeiden. An die Deckel wurden je zwei Leitungen angeschlossen, durch die ein konstanter Luftstrom von 30 – 60 ml min^{-1} fließt. Eine der beiden Leitungen eines jeden Topfes führt in eine Säurefalle um die NH_3-Verflüchtigung zu messen. Für die Säurefallen wurden 100 ml von einer 0,05 molaren Schwefelsäure in kleine, 250 ml fassende Plastikflaschen gefüllt. In den Töpfen wurden ebenfalls Säurefallen platziert. Dazu wurden 80 ml der Schwefelsäure in 100 ml fassende Bechergläser gefüllt und in jeden Topf gestellt. Die Lösungen mussten zunächst täglich ausgetauscht werden. Später wurden die Säurefallen nur noch alle zwei Tage erneuert. Um die Lösung aus den Töpfen zu entnehmen wurde eine Spritze mit einem Fassungsvermögen von 100 ml verwendet. Bis zur Analyse wurden die Proben im Kühlraum bei 7°C gelagert. Das darin aufgefangene NH_4-N wurde mithilfe eines nasschemischen Analyseautomaten gemessen (Model San^{++} Continuous-Flow Analysator, Skalar).

2.4. Versuchsaufbau

Der Gärrest wurde, wie auch in der Praxis üblich, in einem schmalen Band mit 32 m^3 ha^{-1} also 105 g $Topf^{-1}$ appliziert. Insgesamt umfasste das Experiment vier verschiedene $MgCl_2$-Konzentrationen, aufgeteilt auf 15 Töpfe. So gab es für jede Behandlung drei bis vier Wiederholungen. Davon wurden vier Wiederholungen mit unbehandeltem Gärrest untersucht, um eine Vergleichsbasis (Kontrolle) für die Magnesiumchlorid-Behandlungen zu schaffen. Die restlichen 11 Töpfe wurden mit 30 kg Mg ha^{-1} (4 Wiederholungen), 90 kg Mg ha^{-1} (4 Wiederholungen) sowie 180 kg Mg ha^{-1} (3 Wiederholungen) behandelt. Die Applikationsraten des Magnesiumchlorids pro Topf sind in Tabelle 2 aufgeführt. Die NH_3-Verflüchtigung wurde nach Beendigung des Experiments gemessen. Die Gas-Emission wurde für einen Zeitraum von 320 Stunden untersucht.

Tabelle 3. Versuchsdauer und Applikationsraten der verschiedenen Mineralsalzkonzentrationen (eigene Darstellung).

Versuch	Versuchsdauer (h)	Behandlung (Mg ha^{-1})	Applikationsrate ($MgCl_2$ mg $Topf^{-1}$)	Gärrest (g $Topf^{-1}$)
NH3-Verflüchtigung	320	0	0	105
		30	788	105
		90	2364	105
		180	4728	105

2.5. Messung der NH_3-Volatilisation

Mithilfe von Druckluft konnte ein konstanter Luftfluss zu den Töpfen erreicht werden, der durch die luftdichte Abdichtung der Gefäße nur in Richtung der Säurefallen entweichen konnte. Dadurch konnte sichergestellt werden, dass das gesamte aus dem Substrat emittierte NH_3 in den Säurefallen aufgefangen wurde. Der Luftfluss schwankte zwischen 30 bis 60 ml min^{-1}. Die Säurefallen waren mit einer 0,05 molaren Schwefelsäure gefüllt, die täglich ausgetauscht werden musste. Das hier aufgefangene NH_3 wird später als NH_4 gemessen, weil sich das Gleichgewicht durch den niedrigen pH-Wert der Säurefallen zum NH_4

verschiebt. Die Messung erfolgte für alle 15 Töpfe gleichzeitig mit einem nasschemischen Analyseautomaten (San++ Continuous-Flow Analysator, Skalar). Für jeden Topf wurden insgesamt neun Proben genommen und analysiert.

2.6. N_{min} – Analyse

Nach Beendigung des Versuchs wurde der Boden aus den Töpfen entnommen, kräftig durchmischt und anschließend der mineralische Stickstoff-Gehalt bestimmt. Ebenfalls wurde vor Beginn des Versuchs der mineralische Stickstoff-Gehalt des Gärrests bestimmt. Dazu wurde eine Probe des Gärrests und des Bodens genommen und mit einer 0,0125 M $CaCl_2$ – Lösung für eine Stunde extrahiert. Anschließend wurde das Extrakt mit einem Whatman 602 Filterpapier gefiltert, in kleine Fläschchen abgefüllt und bei -21 °C bis zur Analyse gelagert. Der NH_4- und NO_3 – Gehalt wurde dann ebenfalls, wie auch schon bei den Proben der Säurefallen, kolorimetrisch mit einem automatischen nasschemischen Analysator bestimmt (San++ Continuous-Flow Analysator, Skalar).

2.7. Statistische Analyse

Die NH_3-Emission und der N-Gehalt des Bodens wurden als Mittelwerte und Standardfehler der Wiederholungen dargestellt und in Balkendiagrammen veranschaulicht. Der NH_3-Flux zu jeder Probenahme wurde ebenfalls mit Mittelwerten und Standardfehlern ausgedrückt und in Liniendiagrammen dargestellt. Um statistisch signifikante Unterschiede zwischen den Behandlungen aufzuzeigen wurde Tukey's post-hoc-Test verwendet. Das Signifikanzniveau wurde für die statistische Analyse mit $\alpha = 0,05$ festgelegt, sodass ein p-Wert kleiner als 0,05 eine statistische Signifikanz anzeigt. Die statistische Analyse wurde mithilfe des Programms IBM SPSS Statistics durchgeführt. Für die Veranschaulichung der Ergebnisse mithilfe von den oben genannten Balken- und Liniendiagrammen wurde die Softwarte Microsoft Excel 2010 verwendet.

3. Ergebnisse

In dieser Studie sollen die Gasverluste in Form von NH_3 nach einer Gärrestapplikation in einem Inkubationssystem unter kontrollierten Bedingungen erfasst werden.

3.1. N_{min} Boden

Grafik 1 zeigt den mineralischen N-Gehalt des Bodens der jeweiligen Behandlungen, welcher nach Beendigung des Experiments bestimmt wurde. Irrtümlicherweise konnte hierbei, nachdem zwischen der Kontrolle und der niedrigsten $MgCl_2$-Behandlung zunächst ein Anstieg des N-Gehalts gemessen werden konnte, ein Rückgang des N_{min}-Gehalts des Bodens bei den höheren $MgCl_2$-Behandlungen festgestellt werden, dieser war allerdings nicht statistisch signifikant. So konnte die maximale N-Konzentration bei der niedrigsten $MgCl_2$-Behandlung mit 198,776 mg N kg^{-1} trockener Boden festgestellt werden. Die Kontrolle erreichte demgegenüber insgesamt 190,948 mg N kg^{-1} trockener Boden. Bei der Behandlung mit 90 kg Mg ha^{-1} wurden 188,649 mg N kg^{-1} trockener Boden gemessen, die höchste $MgCl_2$-Variante erzielte mit 182,778 mg N kg^{-1} trockener Boden den insgesamt geringsten N-Gehalt. Vergleicht man nun die NH_4- und die NO_3-Werte des Bodens, wird deutlich, dass der Nitratgehalt des Bodens bei der niedrigsten $MgCl_2$-Behandlung zunächst höher ist als

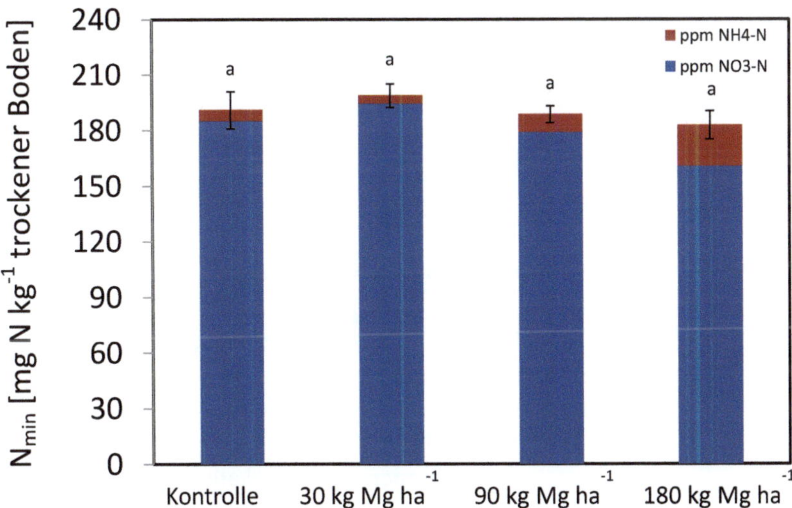

Grafik 1. Mineralischer N-Gehalt [mg N kg^{-1} trockener Boden] im Boden für die jeweilige Behandlung. Fehlerbalken zeigen den Standardfehler der Mittelwerte jeder Behandlung. Werte mit unterschiedlichen Buchstaben unterscheiden sich statistisch signifikant voneinander innerhalb des Experiments ($p < 0,05$) (eigene Darstellung).

bei der Kontrolle, der NH_4-Gehalt ist hier jedoch geringer. Anschließend steigt der NH_4-Gehalt des Bodens jedoch mit zunehmender $MgCl_2$-Behandlung an, der NO_3-Gehalt nimmt jedoch immer weiter ab. So betrug der maximale NO_3-Gehalt bei der 30 kg Mg ha^{-1}-Behandlung 194,425 mg NO_3-N kg^{-1} trockener Boden, bei der höchsten $MgCl_2$-Behandlung wurden demgegenüber 160,557 mg NO_3-N gemessen. Der NH_4-Gehalt des Bodens war bei der 30 kg Mg ha^{-1}-Behandlung mit 4,351 mg NH_4-N kg^{-1} trockener Boden am geringsten und bei der 180 kg Mg ha^{-1}-Variante mit 22,221 mg NH_4-N kg^{-1} trockener Boden am höchsten. Für diese Ergebnisse wurde allerdings keine statistische Signifikanz festgestellt.

3.2. Ammoniak-Emission gemessen innerhalb der Töpfe

Grafik 2 zeigt den Verlauf der NH_3-Verflüchtigung, die in den Säurefallen innerhalb der Töpfe gemessen wurde, über den gesamten Zeitraum des Versuchs. Der höchste NH_3-Gehalt in der Lösung der Säurefallen wurde 18,5 Stunden nach Beginn des Versuchs bei der Kontrolle mit 2,859 mg NH_3-N $Topf^{-1}$ gemessen. Auch für alle anderen Behandlungen war dies der Zeitpunkt der höchsten NH_3-Verflüchtigung.

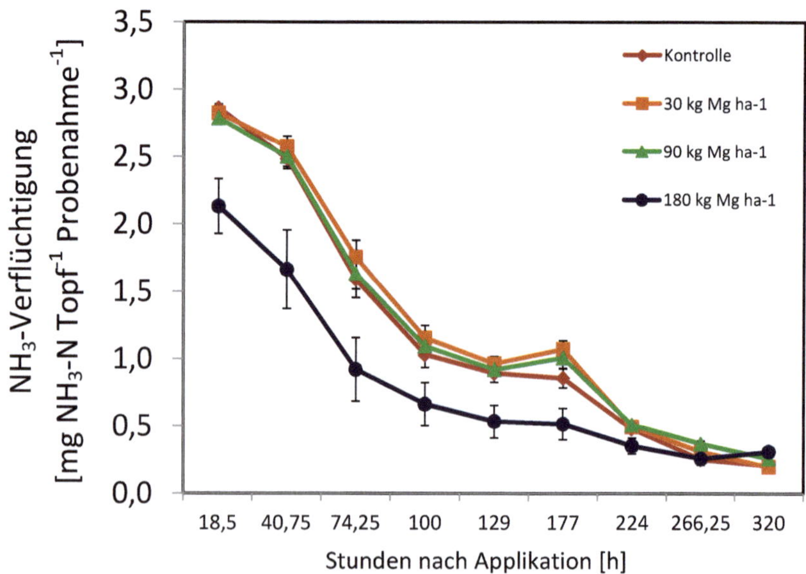

Grafik 2. Verlauf der NH_3-Verflüchtigung [mg NH_3-N $Topf^{-1}$ h^{-1}] nach der Applikation des Gärrests für die Säurefallen innerhalb der Töpfe. Fehlerbalken zeigen den Standardfehler der Mittelwerte jeder Behandlung. Teilweise sind die Fehlerbalken kleiner als die Symbole (eigene Darstellung).

So erreichte die 30 kg Mg ha^{-1}-Behandlung zu diesem Zeitpunkt 2,823 mg NH_3-N $Topf^{-1}$, die 90 kg Mg ha^{-1}-Behandlung lag bei 2,784 mg NH_3-N $Topf^{-1}$ und bei der höchsten $MgCl_2$-Behandlung emittieren 2,130 mg NH_3-N $Topf^{-1}$. Anschließend war ebenfalls bei allen Behandlungen ein Rückgang zu beobachten. Zwischen der zweiten Messung nach 40,75 Stunden und der dritten Messung nach 74,25 Stunden konnte insgesamt die größte Abnahme der NH_3-Emission beobachtet werden. Diese war bei der Kontrolle am höchsten. Anschließend nahm die Reduktionsrate der NH_3-Verflüchtigung langsam ab, nach 129 Stunden war im Vergleich zu den gemessenen Werten nach 100 Stunden kaum ein Unterschied festzustellen. Bei der darauf folgenden Messung nach 177 Stunden kam es sogar zu einem Anstieg der NH_3-Emission, dieser war bei der Variante mit 30 kg Mg ha^{-1} am höchsten. Auch bei der 90 kg Mg ha^{-1}-Behandlung war ein geringer Anstieg zu sehen, die NH_3-Emission der Kontrolle sowie der höchsten $MgCl_2$-Behandlung hielten ihr Niveau von der vorherigen Messung, die Abnahme war hier nur sehr gering. Danach ging die NH_3-Verflüchtigung wieder für alle Behandlungen bis zum Ende des Versuchs zurück, wobei die Abnahme zwischen den Messzeitpunkten nach 177 und 224 Stunden größer war als bei den beiden letzten Messungen. So wurde bei der letzten Messung nach 320 Stunden bei zwei Behandlungen die niedrigste NH_3-Emission dieser Behandlungen gemessen. Für die 30 kg Mg ha^{-1}-Behandlung betrug diese 0,198 mg NH_3-N $Topf^{-1}$ und war damit auch die insgesamt niedrigste NH_3-Konzentration, die in den Säurefallen der Töpfe gemessen wurde. Die nächsthöhere Behandlung mit 90 kg Mg ha^{-1} erreichte zu dieser Probenahme mit 0,258 mg NH_3-N $Topf^{-1}$ ebenfalls ihre geringste NH_3-Konzentration. Die geringste NH_3-Verflüchtigung der Kontrolle war nach 266 Stunden mit 0,253 mg NH_3-N $Topf^{-1}$ zu sehen. Zu diesem Zeitpunkt wurde ebenfalls die niedrigste NH_3-Emission für die höchste $MgCl_2$-Behandlung mit 0,258 mg NH_3-N $Topf^{-1}$ gemessen. Allerdings kam es bei dieser Behandlung anschließend noch einmal zu einem leichten Anstieg des emittierenden Ammoniaks. Die insgesamt niedrigste NH_3-Emission wurde bei der letzten Probenahme nach 320 Stunden festgestellt, somit zeigt sich hier also eine abnehmende Tendenz der NH_3-Verflüchtigung mit zunehmender Dauer des Versuchs.

Die NH_3-Verflüchtigung der vier verschiedenen Behandlungen für die Säurefallen innerhalb der Töpfe ist in Grafik 3 dargestellt. Insgesamt emittierten 1,9 – 3 % des durch die Gärrestapplikation zugeführten Stickstoffs. Bei der Kontrolle emittierten insgesamt 10,645 mg NH_3-N $Topf^{-1}$, womit hierbei irrtümlicherweise nicht die höchste NH_3-Verflüchtigung festgestellt werden konnte. Die geringste $MgCl_2$-Behandlung mit 30 kg Mg ha^{-1} erreichte demgegenüber entgegen den Erwartungen mit einer Konzentration von 11,332 mg NH_3-N $Topf^{-1}$ die höchste NH_3-Verflüchtigung des Experiments. Auch die nächsthöhere $MgCl_2$-Variante (90 kg Mg ha^{-1}) lag mit einer NH_3-Emission von 11,058 mg NH_3-N $Topf^{-1}$ immer noch oberhalb der Konzentration, die bei der Kontrolle gemessen wurde. Trotzdem ließ sich hier gegenüber der 30 kg Mg ha^{-1}-Behandlung bereits ein geringer Rückgang der NH_3-Verflüchtigung beobachten, welcher allerdings nicht statistisch signifikant war. Erst bei der höchsten $MgCl_2$-Behandlung mit 180 kg Mg ha^{-1} konnte ein signifikanter Unterschied zu allen anderen Behandlungen festgestellt werden. Die totale Verflüchtigung dieser Behandlung lag bei 7,347 mg NH_3-N $Topf^{-1}$ und war damit 44 % geringer als die Kontrolle.

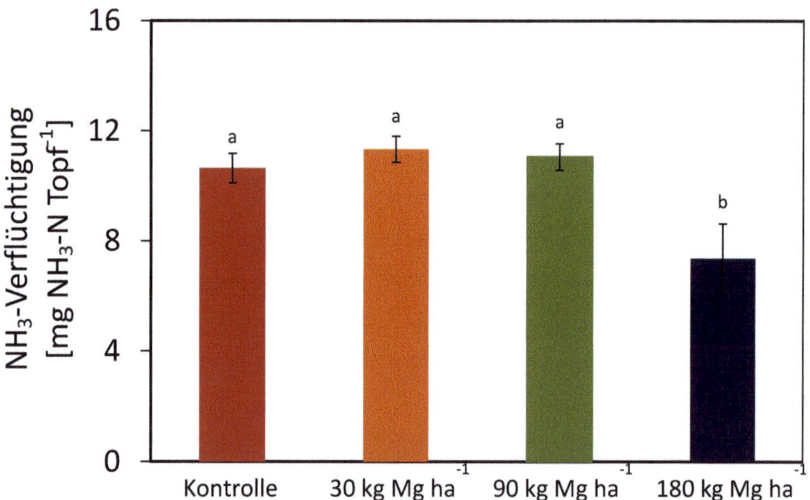

Grafik 3. NH_3-Verflüchtigung [mg NH_3-N $Topf^{-1}$] der Säurefallen innerhalb der Töpfe. Fehlerbalken zeigen den Standardfehler der Mittelwerte jeder Behandlung. Werte mit unterschiedlichen Buchstaben unterscheiden sich statistisch signifikant voneinander innerhalb des Experiments ($p < 0,05$) (eigene Darstellung).

3.3. Ammoniak-Emission gemessen außerhalb der Töpfe

Der Verlauf der NH_3-Verflüchtigung, die in den Säurefallen außerhalb der Töpfe gemessen wurde, ist in Grafik 4 dargestellt. Die höchste NH_3-Emission wurde bei der Kontrolle und der Behandlung mit 30 kg Mg ha^{-1} 18,5 Stunden nach Beginn des Experiments gemessen und lag für beide bei 0,747 mg NH_3-N $Topf^{-1}$. Die anderen beiden Behandlungen mit 90 und 180 kg Mg ha^{-1} erreichten ihr Maximum erst nach 40,75 Stunden. Dieses betrug für die 90 kg Mg ha^{-1}-Variante 0,718 mg NH_3-N $Topf^{-1}$ und für die höchste $MgCl_2$-Behandlung 0,267 mg NH_3-N $Topf^{-1}$. Insgesamt war der zweite Messzeitpunkt nach 40,75 Stunden auch der Zeitpunkt der höchsten NH_3-Verflüchtigung. Zu diesem Zeitpunkt konnte auch der insgesamt größte Anstieg der NH_3-Emission bei der Behandlung mit 90 kg Mg ha^{-1} beobachtet werden. Anschließend ging die NH_3-Emission für alle Behandlungen stark zurück, sodass nach 74,25 Stunden in den Säurefallen der 180 kg Mg ha^{-1}-Behandlung die geringste NH_3-Konzentration gemessen wurde, welche 0,027 mg NH_3-N betrug. Auch die höchste Reduktionsrate der NH_3-Emission für alle Behandlungen wurde zwischen den beiden Messzeitpunkten nach 40,75 und 74,25 Stunden gemessen. Die größte Reduktion konnte hier bei der 90 kg Mg ha^{-1}-Behandlung beobachtet werden.

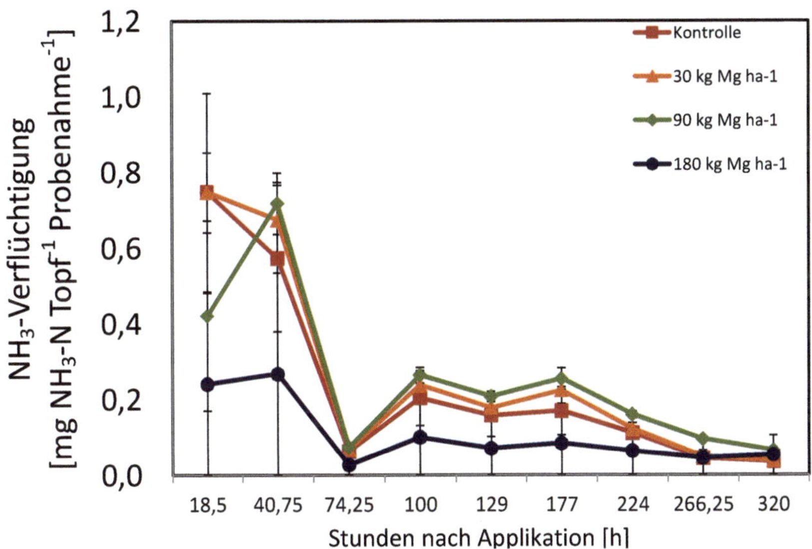

Grafik 4. Verlauf der NH_3-Verflüchtigung [mg NH_3-N $Topf^{-1}$ h^{-1}] nach der Applikation des Gärrests für die Säurefallen außerhalb der Töpfe. Fehlerbalken zeigen den Standardfehler der Mittelwerte jeder Behandlung. Teilweise sind die Fehlerbalken kleiner als die Symbole (eigene Darstellung).

Danach stieg die NH_3-Verflüchtigung für alle Varianten nach 100 Stunden zunächst wieder an und sank darauf folgend nach 129 Stunden wieder. Der letzte Anstieg der NH_3-Konzentrationen in den Säurefallen konnte nach 177 Stunden festgestellt werden, danach ging die NH_3-Verflüchtigung bis zum Ende des Versuchs für alle Behandlungen weiter zurück. So erreichten alle Behandlungen außer die höchste $MgCl_2$-Variante nach 320 Stunden ihre geringste NH_3-Verflüchtigung. Für die Kontrolle betrug diese 0,035 mg NH_3-N $Topf^{-1}$, die 30 kg Mg ha^{-1}-Variante erreichte 0,038 mg NH_3-N $Topf^{-1}$ und die 90 kg Mg ha^{-1}-Behandlung hatte ihr Minimum bei 0,065 mg NH_3-N $Topf^{-1}$. Bei den Säurefallen außerhalb der Töpfe wurde bei der letzten Messung nach 320 Stunden wie schon zuvor bei den Säurefallen innerhalb der Töpfe die insgesamt geringste NH_3-Verflüchtigung festgestellt, dadurch lässt sich also trotz eines ungleichmäßigen Verlaufs in den ersten 100 Stunden des Versuchs ein abnehmender Trend der NH_3-Verflüchtigung erkennen.

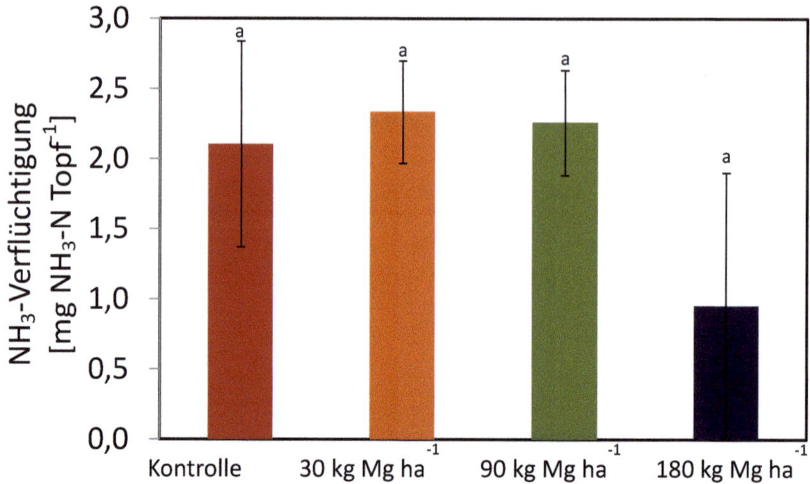

Grafik 5. NH_3-Verflüchtigung [mg NH_3-N $Topf^{-1}$] der Säurefallen außerhalb der Töpfe. Fehlerbalken zeigen den Standardfehler der Mittelwerte jeder Behandlung. Werte mit unterschiedlichen Buchstaben unterscheiden sich statistisch signifikant voneinander innerhalb des Experiments ($p < 0,05$) (eigene Darstellung).

Die NH_3-Verflüchtigung der $MgCl_2$-Behandlungen die in den Säurefallen außerhalb der Töpfe festgestellt wurde ist in Grafik 5 dargestellt. Insgesamt konnte hier ein Verlust von 0,25 - 0,6 % des mit dem Gärrest applizierten Stickstoffs festgestellt werden. Die Volatilisationsraten ähneln sehr stark denen der Säurefallen innerhalb der Töpfe. Auch hier konnte ein Anstieg der NH_3-Verflüchtigung zwischen der Kontrolle und der 30 kg Mg ha^{-1}-Behandlung verzeichnet werden. Allerdings sind die Standardabweichungen bei den Säurefallen außerhalb teilweise sehr hoch, sodass hier keine statistisch signifikanten Unterschiede festgestellt werden konnten. Bei der Kontrolle emittierten insgesamt 2,103 mg NH_3-N $Topf^{-1}$. Demgegenüber erreichte die NH_3-Entgasung des Experiments bei der 30 kg Mg ha^{-1}-Behandlung mit 2,331 mg NH_3-N $Topf^{-1}$ ihren Höhepunkt. Zu der 90 kg Mg ha^{-1}-Behandlung konnte mit 2,258 mg NH_3-N $Topf^{-1}$ kaum ein Unterschied festgestellt werden, ähnlich wie bei den Säurefallen in den Töpfen. Am wenigsten NH_3 emittierte bei der höchsten $MgCl_2$-

Behandlung. Hierbei wurde mit 0,899 mg NH_3-N $Topf^{-1}$ ein um 133 % niedrigerer Wert als bei der Kontrolle festgestellt. Auch die anderen Behandlungen erzielten viel höhere NH_3-Emissionsraten, dennoch muss ein möglicher Effekt der steigenden $MgCl_2$-Behandlung auf die NH_3- Verflüchtigung aufgrund der fehlenden statistischen Signifikanz ausgeschlossen werden.

3.4. Kumulierte Ammoniak-Emission

Grafik 6 zeigt die kumulierte NH_3-Verflüchtigung für die Säurefallen innerhalb und außerhalb der Töpfe. Der gesamte N-Verlust für alle Behandlungen des Experiments liegt in einem Bereich von 2,2 bis 3,6 % des applizierten Stickstoffs aus dem Gärrest. Dabei konnte der geringste N-Verlust bei der höchsten $MgCl_2$-Variante (180 kg Mg ha^{-1}) mit 2,2 % beobachtet werden, die Standardabweichung war hier mit 0,59 % allerdings am höchsten. Demgegenüber erreichte die 30 kg Mg ha^{1}-Behandlung den höchsten N-Verlust in Höhe von 3,6 % mit einer Standardabweichung von 0,12 %. Dazwischen lagen die Kontrolle mit einem Stickstoffverlust von 3,3 % und einer Standardabweichung von 0,29 % und die 90 kg Mg ha^{-1}-Behandlung mit einem N-Verlust von 3,5 % und einer Standardabweichung von 0,17 %. In Grafik 6 ist zunächst einmal zu sehen, dass für die kumulierte Ammoniak-Emission der verschiedenen $MgCl_2$-Behandlungen im Vergleich zur Kontrolle keine statistisch signifikante Reduktion beobachtet werden konnte. Der größte Rückgang wurde jedoch bei der höchsten $MgCl_2$-Variante beobachtet. Die in den Säurefallen außerhalb gemessene NH_3-Konzentration war insgesamt für alle Varianten um einiges niedriger. Die maximale NH_3-Konzentration die in den Säurefallen der Töpfe gemessen wurde betrug 11,33 mg NH_3-N $Topf^{-1}$. Im Vergleich dazu lag die maximale NH_3-Konzentration der Säurefallen außerhalb bei 2,25 mg NH_3-N $Topf^{-1}$ und war damit um etwas mehr als ein fünffaches geringer als in den Töpfen. Die geringste NH_3-Konzentration konnte in den Säurefallen außerhalb der Töpfe bei der höchsten $MgCl_2$-Behandlung mit 0,95 mg NH_3-N $Topf^{-1}$ festgestellt werden, allerdings wurden hier einige negative Werte, also Nullwerte gemessen. Bei den Säurefallen innerhalb der Töpfe wurde die geringste NH_3-Konzentration ebenfalls bei der Variante mit 180 kg Mg ha^{-1} gemessen und lag bei 7,347 mg NH_3-N $Topf^{-1}$. Insgesamt wird deutlich, dass der Verlauf der NH_3-Verflüchtigung beider Säurefallenvarianten ungefähr gleich ist. Zunächst kommt es zu einem Anstieg der NH_3-Konzentration zwischen der Kontrolle und der Behandlung mit 30 kg Mg ha^{-1}. Daraufhin sinkt die NH_3-Verflüchtigung ganz leicht bis zur nächsthöheren $MgCl_2$-Behandlung, bevor dann bei der höchsten $MgCl_2$-

Variante ein signifikanter Unterschied zu den niedrigeren Behandlungsintensitäten in der NH_3-Konzentration festgestellt werden kann. Dennoch unterschieden sich die Werte der Kontrolle nicht statistisch signifikant von den Ergebnissen der höchsten $MgCl_2$-Behandlung. Aufgrund dieses ähnlichen Verlaufs war auch bei der kumulierten NH_3-Verflüchtigung beider Säurefallen-Varianten die Konzentration bei der 30 kg Mg ha^{-1}-Behandlung mit 13,665 mg NH_3-N $Topf^{-1}$ am höchsten und bei der höchsten $MgCl_2$-Behandlung mit insgesamt 8,299 mg NH_3-N am geringsten. Somit verringerte sich die NH_3-Emission im Vergleich zur Kontrolle um ca. 64 %. Allerdings konnte für diesen Wert wie oben bereits erwähnt keine statistische Signifikanz nachgewiesen werden, sodass eine Korrelation zwischen der Magnesiumchlorid-Konzentration und der NH_3-Verflüchtigung hier ausgeschlossen werden muss. Die Kontrolle erreichte insgesamt 12,74 mg NH_3-N $Topf^{-1}$, für die Behandlung mit 90 kg Mg ha^{-1} wurden 13,31 mg NH_3-N $Topf^{-1}$ gemessen.

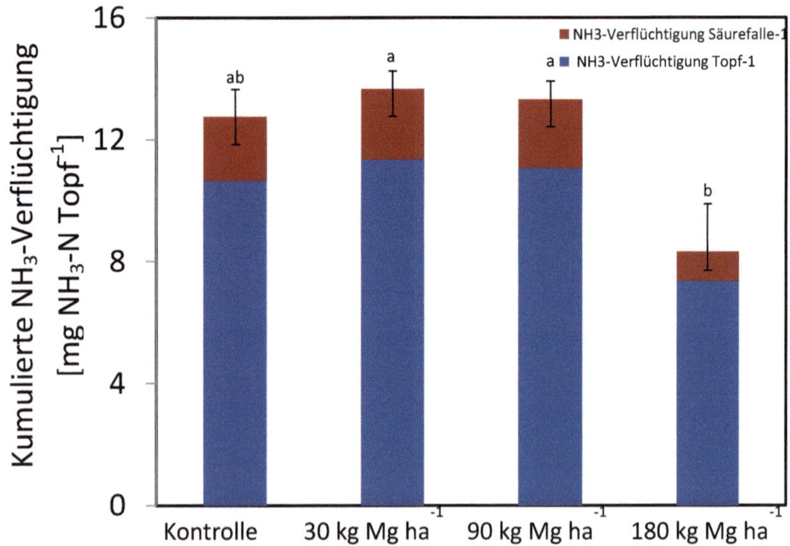

Grafik 6. Kumulierte NH_3-Verflüchtigung [mg NH_3-N $Topf^{-1}$] für die Säurefallen innerhalb und außerhalb der Töpfe. Werte mit unterschiedlichen Buchstaben unterscheiden sich statistisch signifikant voneinander innerhalb des Experiments ($p < 0,05$) (eigene Darstellung).

4. Diskussion

4.1. Gesamte NH_3-Emission

Die kumulierte NH_3-Emission des Experiments zeigt, dass der Stickstoffverlust insgesamt 2,2 – 3,6 % des mit dem Gärrest applizierten Stickstoffs betrug. Im Vergleich zu anderen Studien ist dies eine ziemlich niedrige Verlustspanne. Laut der Bayerischen Landesanstalt für Landwirtschaft liegen die durchschnittlichen NH_3-Verluste bei der Ausbringung von Gärrest bei ca. 14 %. Pacholski (2010) stellte Verlustraten des Ammoniaks zwischen 2 und 20 % bei Gärrest und 5 bis 17 % bei der Ausbringung von Rindergülle fest (zitiert aus Döhler, 2012). Vandré und Clemens (1997) verwendeten für ihre Studie ebenfalls Kammersysteme und beobachteten eine Verlustrate des NH_3 in Höhe von 72 % des mit Gülle applizierten NH_4-N. Amon et al. (2006) konnten Volatilisationsraten des NH_3 von bis zu 81,9 % des mit der Düngung auf Grasland applizierten NH_4-N verzeichnen. Ähnliche Ergebnisse erzielten Bussink et al. (1994), hier wurden bei Graslandversuchen ein N-Verlust von 29 – 98 % bei unbehandelter Gülle beobachtet. Im Gegensatz dazu stellte Scheile (2013) in seiner Studie, die fast demselben Versuchsaufbau unterlag, einen viel geringeren Verlust von 0,44 % des applizierten Stickstoffs fest. Ein möglicher Grund für die höhere NH_3-Emission in diesem Versuch könnte sein, dass Scheile statt Gärrest Rindergülle verwendete. Gärrest hat infolge des Gärprozesses einen höheren pH-Wert als Rindergülle (Möller, 2011), sodass sich das Ammonium-Ammoniak-Gleichgewicht dadurch stärker zum Ammoniak verschoben haben könnte. Allerdings war die Applikationsrate des Wirtschaftsdüngers bei Scheile fast doppelt so hoch und gleichzeitig verwendete er in seinem Versuch für die Behandlung der Gülle viel geringere Magnesiumchlorid-Konzentrationen. Trotzdem konnte Scheile mit steigender $MgCl_2$-Behandlung einen signifikanten Unterschied der gesamten NH_3-Verflüchtigung zur Kontrolle beobachten. Der Versuchsaufbau ähnelt diesem Versuch sehr, der einzige Unterschied ist das in dieser Studie neben den Säurefallen außerhalb der Töpfe auch innerhalb der Töpfe Ammoniak aufgefangen wurde. Dieser Umstand könnte erklären warum hier ein höherer N-Verlust festgestellt werden konnte, da in den Säurefallen innerhalb der Töpfe insgesamt ca. eine um das Fünffache höhere NH_3-Konzentration gemessen wurde als in den Säurefallen außerhalb der Töpfe. Der Grund dafür ist womöglich die größere Oberfläche der Säurefallen innerhalb der Töpfe, wodurch sich die Reaktivität der Substanz erhöht (Wikipedia, 2014). Dadurch das sich die Säurelösung in den Töpfen in Bechergläsern befindet ist die Oberfläche, auf die das gasförmige Ammoniak hier trifft viel größer als außerhalb, wo das Ammoniak nur über kleine Luftblasen in die Säurefallen gelangt. Aufgrund dieser Versuchseigenschaften wurde das meiste NH_3 bereits in den Töpfen von den Säurefallen aufgenommen. Des Weiteren kann das Luft-Gas-Gemisch in den Töpfen besser und öfter zirkulieren und dementsprechend kann auch mehr NH_3 von den Säurefallen gebunden werden als außerhalb, wo das Gas nur einmal in Form von Luftblasen durch die Säurelösung gespült wird. Darüber hinaus ist nicht auszuschließen, dass die Leitungen teilweise nicht weit genug in die Säurefallen hineinreichten und auf diese Weise Ammoniak über die Öffnungen der Plastikflaschen entweichen konnte.

Grafik 1 hat gezeigt, dass der mineralische Stickstoff-Gehalt des Bodens durch die höheren $MgCl_2$-Behandlungen mit steigender Applikationsmenge immer weiter reduziert werden konnte, für diesen Zusammenhang konnte jedoch keine statistische Signifikanz nachgewiesen werden. Für die niedrigste $MgCl_2$-Variante (30 kg Mg ha^{-1}) konnte allerdings eine Erhöhung des N-Gehalts festgestellt werden. Vergleicht man die Zusammensetzung der N_{min}-Werte genauer wird deutlich, dass nur der NO_3-Gehalt des Bodens mit zunehmender $MgCl_2$-Konzentration zurückgeht, der NH_4-Gehalt nimmt jedoch zu. Trotz fehlender statistischer Signifikanz suggerieren diese Ergebnisse, dass das hier angewendete Salz ab einer bestimmten Konzentration den Denitrifikationsprozess beeinflusst, sodass die Nitratgehalte des Bodens insgesamt sinken. Gleichzeitig wirkt sich das Salz anscheinend negativ auf die Nitrifikationsprozesse innerhalb des Bodens aus, sodass weniger Ammonium nitrifiziert wird und der NH_4-Gehalt demzufolge ansteigt. Diesen Zusammenhang konnten auch Lang et al. (1992) bereits feststellen. Durch Behandlung von Bodenproben mit Sulfat- und Chloridsalzen konnten sie sogar eine vollständige Unterdrückung der Nitrifikation beobachten, welche auf das Anion zurückzuführen war. Der Grund dafür sei aber nicht die Veränderung des pH-Werts durch die Salze, sondern die Veränderung des Ionenhaushalts des Bodens (Lang et al., 1992). Außerdem trägt das Salz möglicherweise zu der Fixierung des Ammoniums an den Austauscherplätzen der Bodenmatrix bei, sodass weniger NH_4 frei verfügbar ist und zu NH_3 umgewandelt werden kann.

4.2. Einfluss des $MgCl_2$ auf die NH_3-Emission

An dem in den Säurefallen innerhalb und außerhalb der Töpfe aufgefangenen Ammoniak lässt sich erkennen, dass für die NH_3-Verflüchtigung mit zunehmender $MgCl_2$-Konzentration der Behandlungen keine signifikante Abnahme beobachtet werden kann. Das liegt daran, dass die Säurefallen, die außerhalb der Töpfe aufgestellt wurden teilweise Nullwerte aufwiesen, was bedeutet, dass die Leitungen teilweise nicht vollständig in die Lösungen hineinreichten oder nicht ordnungsgemäß verschraubt waren, sodass NH_3 in die freie Atmosphäre entweichen konnte. Betrachtet man allerdings nur die NH_3-Konzentration, die in den Säurefallen innerhalb der Töpfe gemessen wurde, so lässt sich bei der höchsten $MgCl_2$-Variante (180 kg Mg ha^{-1}) eine signifikante Reduktion der NH_3-Emission von 44 % gegenüber der Kontrolle feststellen. Für die anderen Behandlungen mit 30 und 90 kg Mg ha^{-1} konnte allerdings keine Reduktion der NH_3-Verflüchtigung festgestellt werden, sie erzielten sogar höhere Volatilisationsraten als die Kontrolle. Diese Ergebnisse könnten auf eine nicht homogene Gärrestzusammensetzung zurückzuführen sein. Dadurch ist es möglich, dass sich einige Wiederholungen in den Trockenmassegehalten des Gärrests unterschieden. Vermutlich war auch die Partikelzusammensetzung des Gärrests nicht immer gleich, sodass der Boden der verschiedenen Behandlungen teilweise mit größeren Gärrestpartikeln und teilweise mit kleineren Partikeln behandelt wurde. Infolge dessen ist die Infiltration in den Boden durch höhere Trockenmassegehalte und größere Partikel vermindert (Petersen & Andersen, 1996; Sommer et al., 2003). Außerdem werden Ammoniumverbindungen neben den negativen Ladungen des Bodens auch an die Trockenmasse des Gärrests adsorbiet (Fleisher et al., 1987, Sommer et al., 2003), was steigende NH_4-Gehalte in der obersten Schicht des Bodens zur Folge hat (Sommer et al., 2006). Aufgrund dieser Effekte der Trockensubstanzgehalte auf die NH_3-Emission kann eine nicht optimale und homogene Gärrestzusammensetzung eine Steigerung der NH_3-Emission bei der 30 und 90 kg Mg ha^{-1}-Behandlung gegenüber der Kontrolle bewirkt haben. Die starke Verminderung der NH_3-Verflüchtigung bei der höchsten $MgCl_2$-Behandlung ist auf die Effekte dieses Salzes auf die NH_3-Bildung zurückzuführen, welche in dieser Studie näher erläutert werden sollen. Es gibt bereits einige ältere Studien die gezeigt haben, dass die Zugabe von magnesiumhaltigen Salzen zu Wirtschaftsdüngern bei der Applikation auf landwirtschaftlich genutzten Böden die NH_3-Verflüchtigung signifikant reduzieren konnte (z.B. Fenn & Hosner, 1985; Witter & Kirchmann, 1989b). Witter und Kirchmann (1989b) stellten fest, dass die NH_3-Verflüchtigung aus Putenmist durch eine Behandlung mit Calcium- oder Magnesiumchlorid signifikant reduziert werden kann. Sie beobachteten, im Vergleich zu der maximalen Reduktion von 44 % in dieser Studie, sogar einen noch größeren Rückgang der NH_3-Verluste um bis zu 52 %. Fenn & Richards (1985) stellten ebenfalls eine Reduktion der NH_3-Emission aus Harnstoff um 20 % durch Zugabe von Magnesiumchlorid fest, welches damit noch effektiver war als die Behandlung mit Phosphor- oder Schwefelsäure. Der Reaktionsmechanismus, der für diese Effekte des $MgCl_2$ verantwortlich ist, ist die Ausfällung von Ammoniumcarbonaten, die während der Hydrolyse des Harnstoffs entstehen, als Magnesiumcarbonate. Dadurch wird die NH_3-Verflüchtigung reduziert, weil die Konzentration der Ammoniumcarbonate, die einfach zu NH_3, CO_2 und Wasser zerfallen, verringert wird (Fenn et. al, 1981). Da in dem Experiment zu dieser Arbeit aber Gärrest verwendet wurde, welcher nur sehr geringe Gehalte an Harnstoff aufweist, muss die Ausfällung von Magnesiumcarbonaten als Mechanismus der Emissionsreduktion des NH_3 hier ausgeschlossen werden. Dennoch gibt es weitere Theorien bezüglich des Effekts von Magnesiumchlorid auf die NH_3-Entgasung, welche in den folgenden Abschnitten genauer erläutert werden sollen.

4.2.1. pH-Wert & CO_2-Emission

Aufgrund der geringen Gleichgewichtskonstante (pK_{aNH4} = 9.3; Stumm & Morgan, 1981) der Reaktionsgleichung (1) läuft die NH_3-Verflüchtigung nur unter neutralen bis alkalischen Bedingungen ab (Vandré & Clemens, 1997).

(1) $NH_4^+ \leftrightarrow NH_3 \uparrow + H^+$

Der pH-Wert von Gärrestsubstraten oder tierischen Güllen wird hauptsächlich durch CO_2 und NH_3 reguliert (Sommer & Husted, 1995; Hafner & Bisogni). Genau wie die NH_3-Emission, ist auch die Verflüchtigung von CO_2 gemäß der Gleichungen (2) und (3) ein protonenverbrauchender Prozess, die Carbonate die hier zu CO_2 umgesetzt werden dienen also der Pufferung des Substrats (Vandré & Clemens, 1997).

(2) $CO_3^{2-} + H^+ \leftrightarrow HCO_3^-$

(3) $HCO_3^- + H^+ \leftrightarrow CO_2 \uparrow + H_2O$

Von daher beeinflussen Produktion bzw. Verluste der genannten Gase den pH-Wert, welcher dadurch stark variieren kann. Die CO_2-Emission ist meistens aufgrund einer viel niedrigeren Löslichkeit viel höher ist als die des Ammoniaks. Aufgrund dieser Tatsache wird erwartet, dass es durch die CO_2-Emission zu einem Anstieg des pH-Werts und damit zu einer erhöhten NH_3-Verflüchtigung kommt (Hafner et al., 2013). Verschiedene Messungen haben bereits gezeigt, dass der pH-Wert der Oberfläche von Substraten infolge eines kontinuierlichen Kontakts mit einem konstanten Luftstrom sogar um mehr als eine pH-Einheit ansteigen kann (Sommer et al., 1991; Chaoui et al., 2009; Ni et al., 2009), was vermutlich auf die CO_2-Emission zurückzuführen ist (Hafner et al., 2013). Außerdem gibt es bezüglich einer möglichen Korrelation zwischen der CO_2-Emission und der NH_3-Verflüchtigung einige Studien. Blanes-Vidal et al. (Blanes-Vidal et al., 2009, 2010; Blanes-Vidal and Nadimi, 2011) beobachteten, dass eine steigende CO_2-Emission gleichzeitig zu einem Anstieg des pH-Werts und der NH_3-Emission aus Gülle führt. Scheile (2013) ließ in seinem Experiment zur Untersuchung der Effekte von Mineralsalzen auf die NH_3-Emission aus Rindergülle neben der NH_3-Emission gleichzeitig auch die CO_2-Emission messen und stellte diesbezüglich ebenfalls eine positive Korrelation fest. Möglicherweise hat das $MgCl_2$ auch an dieser Stelle einen Einfluss auf die NH_3-Verflüchtigung, indem es die Produktion bzw. die Emission des CO_2 durch die Ausfällung von Magnesiumcarbonaten einschränkt und darüber den Anstieg des pH-Werts vermindert. Allerdings war die Bestimmung der CO_2-Emission nicht Bestandteil dieser Arbeit und auch sonst gibt es bisher nur wenige Studien zu diesem möglichen Potential des Magnesiumchlorids. Allerdings machte Scheile (2013) bezüglich dieser Thematik ebenfalls die Entdeckung, dass steigende $MgCl_2$-Behandlungen zu einer Reduktion der CO_2-Emission führten, auch wenn hierfür keine statistische Signifikanz nachgewiesen werden konnte. Dieser Effekt des $MgCl_2$ könnte also auch in dieser Arbeit die signifikante Reduktion der NH_3-Verflüchtigung bei der höchsten $MgCl_2$-Behandlung erklären.

4.2.2. Beeinflussung der Transporteigenschaften des NH_4

Eine weitere Theorie zur Verminderung der NH_3-Verflüchtigung basiert auf der Beeinflussung der Transporteigenschaften des Ammoniaks innerhalb des Substrats durch $MgCl_2$. Die Verflüchtigung von NH_3 ist der Prozess des Transports von Ammoniak von der Oberfläche eines Substrats in die freie Atmosphäre. Die Verlustrate des NH_3 wird durch die folgende Gleichung bestimmt:

(4) $F_a = K(u)(C_N - C_A)$

Hierbei stellt F_a den Flux des NH_3 da, C_N steht für die Konzentration des NH_3 in dem Substrat und C_A ist die Konzentration des NH_3 in der freien Atmosphäre (Olesen & Sommer, 1993). Den Transportkoeffizienten $K(u)$ definierten Van der Molen et al. (1990) und Olesen & Sommer (1993) als Funktion verschiedener Widerstände. Dazu zählen die Widerstände in der turbulenten Schicht oberhalb des Substrats r_a, in der laminaren Grenzschicht zwischen der Gas-Flüssig-Grenzfläche und der turbulenten Schicht r_b und an der Oberfläche des Substrats r_c. Der Widerstand in der turbulenten Schicht ist eine Funktion des Windgeschwindigkeitsprofils und der Rauigkeitslänge, welche wiederum von der Höhe der internen Grenzschicht sowie der Charakteristika der Oberfläche beeinflusst wird. Im Gegensatz dazu wird der Widerstand der laminaren Grenzschicht durch die Reibungsgeschwindigkeit definiert. Der Transportwiderstand an der Oberfläche des Substrats hängt von den Eigenschaften der Gülle ab. Dadurch ergibt sich für den Transportkoeffizienten folgende Gleichung (Ni, 1999, zitiert aus van der Molen et al. 1990 und Olesen & Sommer, 1993):

$$(5)\quad K = \frac{1}{r_a + r_b + r_c}$$

Durch die Entgasung von Ammoniak aus einem Substrat sinkt die Ammoniumkonzentration an der Oberfläche. Folglich wird nun Ammonium über Diffusion an die Substratoberfläche transportiert, damit die NH_3-Emission weiter von Statten laufen kann. An dieser Stelle wirken nun die oben genannten Widerstände, ausgedrückt als Transportkoeffizient auf das zu transportierende NH_4 (Olesen & Sommer, 1993). Diese Tatsache deutet darauf hin, dass die Behandlung eines Wirtschaftsdüngers mit $MgCl_2$ einen Einfluss auf den Transportkoeffizienten des Ammoniums hat. Möglicherweise ist das Salz aufgrund seiner chemischen Eigenschaften in der Lage, die Diffusion des NH_4 an die Substratoberfläche durch Erhöhung der Transportwiderstände zu verringern, sodass infolge dessen also auch die NH_3-Verflüchtigung abnimmt. Scheile (2013) nahm als mögliche Ursache hierfür die stärkere Adsorption des Ammoniums an die festen Partikel des Substrats infolge einer $MgCl_2$-Behandlung an.

4.2.3. Ausfällung von Magnesium-Ammonium-Phosphaten

Eine weitere Theorie bezüglich der Reduktion der NH_3-Emission durch Zugabe von $MgCl_2$ ist die Möglichkeit der Ausfällung von Magnesium-Ammonium-Phosphaten ($MgNH_4PO_4$). Dieses Verfahren wird in Kläranlagen zur Rückgewinnung von Phosphat angewendet. Dazu wird der pH-Wert des Klärschlamms durch Zugabe von Mg-, Ca- oder Fe-Salzen angehoben, sodass Phosphate ausfallen. Werden Magnesiumsalze wie z.B. $Mg(OH)_2$ verwendet und wird gleichzeitig noch Ammoniak zugeführt, kommt es zur Fällung von Magnesium-Ammonium-Phosphat ($MgNH_4PO_4 \cdot H_2O$), welches auch als Struvit oder MAP bezeichnet wird (Römer, 2013). In dem Experiment zu dieser Arbeit wurde Gärrest verwendet, dieser weist recht hohe P-Gehalte auf, wie eingangs bereits erwähnt. Zudem befindet sich auch der pH-Wert des Gärrests im neutralen bis leicht alkalischen Bereich und steigt durch die kontinuierliche NH_3-Entgasung noch weiter an, sodass auch hier ähnlich wie bei der P-Ausfällung in Klärschlämmen ein hoher pH-Wert erreicht werden kann. Statt $Mg(OH)_2$ wurde in diesem Versuch $MgCl_2$ verwendet, welches sich aber genauso gut zur Fällung von MAP eignet (Gethke et. al, 2005). Aufgrund dieser Ähnlichkeiten zwischen dem Verfahren der Fällung von Phosphaten in Kläranlagen und der Gegebenheiten des Versuchs dieser Arbeit ist es also möglich, dass durch die Behandlung des Gärrests mit $MgCl_2$ Magnesium-Ammonium-Phosphate ausfallen konnten und dadurch Ammonium, was sonst emittiert wäre, gebunden werden konnte.

5. Zusammenfassung

Das Ziel dieser Arbeit war, den Einfluss verschiedener $MgCl_2$-Behandlungskonzentration auf die NH_3-Verflüchtigung aus Gärrest anhand eines Bodeninkubationsexperiments zu untersuchen. Die Ergebnisse dieser Versuchsanstellung haben gezeigt, dass die Mineralsalzzugabe verschiedene Effekte auf die NH_3-Emission hat. Zunächst hat aber auch die Wahl der Positionierung der Säurefallen einen Einfluss auf das darin aufgefangene NH_3, da die Säurefallen, die innerhalb der Töpfe aufgestellt wurden insgesamt eine viel höhere NH_3-Konzentration aufwiesen. Der Grund dafür ist, dass das Gas-Luft-Gemisch in den Töpfen besser zirkulieren kann, außerhalb tritt das NH_3 nur in Form kleiner Luftblasen in die Säurelösungen ein. Außerdem ist hier die Gefahr größer, das NH_3 in die freie Atmosphäre entweicht, was womöglich auch erklärt das eine signifikante Reduktion der NH_3-Verflüchtigung für die höchste Behandlung mit $MgCl_2$ (180 kg Mg ha^{-1}) nur innerhalb der Töpfe beobachtet werden konnte. Hier emittierten 44 % weniger NH_3 als bei der Kontrolle. Irrtümlicherweise wurde für die beiden anderen $MgCl_2$-Behandlungen (30 kg und 90 kg Mg ha^{-1}) ein leichter Anstieg der NH_3-Emission beobachtet, was möglicherweise auf eine nicht homogene Zusammensetzung des Gärrests zurückzuführen ist, sodass die Trockenmassegehalte zwischen den insgesamt 16 Applikationen variiert haben können. Bezüglich der genauen Wirkung des Mineralsalzes auf die Stickstoff-Verluste aus einem Wirtschaftsdünger gibt es mehrere Hypothesen. Zum einen kann es zur Ausfällung von Magnesiumcarbonaten kommen, wodurch die Pufferwirkung des Carbonatpuffersystems abnimmt, infolge dessen wird ein starker pH-Anstieg vermindert und damit auch ein Anstieg der NH_3-Emission. Die zweite Theorie stützt sich auf die Beeinflussung des Transportkoeffizienten für Ammoniak in einem Substrat, welcher als Funktion verschiedener Widerstände definiert ist. Möglicherweise ist das $MgCl_2$ in der Lage, die Diffusion von Ammoniak an die Substratoberfläche zu vermindern, indem es zu der Adsorption des NH_3 an die festen Bestandteile des Substrats beiträgt und dadurch den Transportwiderstand erhöht. Die letzte Theorie basiert auf der Ausfällung von Magnesium-Ammonium-Phosphaten durch die Zugabe von $MgCl_2$. Dieses Verfahren wird in Kläranlagen zur Phosphat-Eliminierung angewendet, da der P-Gehalt und der pH-Wert von Gärresten ebenfalls recht hoch sind, kann die beschriebene Ausfällung auch in diesem Versuch zu einer Verminderung der freien Ammonium-Konzentration und damit zu einer Reduktion der NH_3-Verflüchtigung geführt haben. Allerdings gibt es zu dieser Hypothese im Vergleich zu den oben genannten bisher nur wenige Untersuchungen.

6. Literaturverzeichnis

Amon, B., Kryvoruchko, V., Amon, T., Zechmeister-Bolternstern, S., 2006, Methan, nitrous oxide and ammonia emissions during storage and after application of dairy cattle slurry and influence of slurry treatment, *Agriculture, Ecosystems and Environment, vol. 112, 153-162.*

Biskupek, B., 1998, Kofermentation, *Arbeitspapier 249, KTBL.*

Blanes-Vidal, V., Nadimi, E., Sep. 2011, The dynamics of ammonia release from animal wastewater as influenced by the release of dissolved carbon dioxide and gas bubbles, *Atmospheric Environment 45 (29), 5110-5118.*

Blanes-Vidal, V., Nadimi, E.S., Sommer, S.G., Dec. 2010, A comprehensive model to estimate the simultaneous release of acidic and basic gaseous pollutants from swine slurry under different scenarios, *Chemistry and Ecology 26, 425-444.*

Blanes-Vidal, V., Sommer, S., Nadimi, E., 2009, Modelling surface pH and emissions of hydrogen sulphide, ammonia, acetic acid and carbon dioxide from a pig waste lagoon, *Biosystems Engineering 104 (4), 510-521.*

Brüß, Ulrich, 2009, Gärrestaufbereitung für eine pflanzenbauliche Nutzung – Stand und F+E-Bedarf, *Fachagentur Nachwachsende Rohstoffe e.V. (FNR).*

Bussink, D.W., Huijsmans, J.F.M., Ketelaars, J.J.M.H., 1994, Ammonia volatilization from nitric-acid-treated cattle slurry surface applied to grassland, *Netherlands Journal of Agricultural Science, vol. 42, 293-309.*

Clemens, J., Wulf, S., 2005, Reduktion der Ammoniakausgasung aus Kofermentationssubstraten und Gülle während der Lagerung und Ausbringung durch interne Versauerung mit in NRW anfallenden organischen Kohlenstofffraktionen, *Umweltverträgliche und Standortgerechte Landwirtschaft, Forschungsbericht Nr. 121.*

Chaoui, H., Montes, F., Rotz, C.A., Richard, T.L., 2009, Volatile ammonia fraction and flux from thin layers of buffered ammonium solution and dairy cattle manure, *Transactions of the ASABE 52 (5), 1695-1706.*

Dersch, G., Böhm, K., 1997, Anteil der Landwirtschaft an der Emission klimarelevanter Spurengase in Österreich, *Die Bodenkultur 48 (2).*

Döhler, H., 2012, Ammoniakemissionen bei der Düngung mit Gülle und Gärresten - Ursachen, Minderungsmaßnahmen, Minderungskosten – *Düngungs- und Bodenschutztag des Landesamts für ländliche Entwicklung, Landwirtschaft und Flurneuordnung.*

Eurich-Menden, B., H. Döhler, U. Dämmgen 2002, So verringern Sie Emissionen, *DLG Mitteilungen 5: 18-23.*

Fenn, L.B., Hosner, L.R., 1985, Ammonia volatilization from ammonium and ammonium-forming nitrogen fertilizers, *Advances in Soil Science, vol. 1, 124-168.*

Fenn, L.B., Richards, J., 1986, Ammonia loss from surface applied urea-acid products, *Fertilizer Research, vol. 9, 265-275.*

Fenn, L.B., Taylor, R.M., Matocha, J.E., 1981, Ammonia losses from surface applied nitrogen fertilizers as controlled by soluble calcium and magnesium: General Theory, *Soil Science Society of America journal, vol. 45, 777-781.*

Fleisher, Z., Kenig, A., Ravina, I. & Hagin, J., 1987, Model of ammonia volatilization from calcareous soils, *Plant and Soil* 103, 205-212.

Formowitz, B., 2012, Energiepflanzen für Biogasanlagen, *Fachagentur Nachwachsende Rohstoffe e.V. (FNR).*

Gericke, D., Pacholski, A., Klage, H., 2007, NH3-Emissionen bei der ackerbaulichen Nutzung von Gärrückständen aus Biogasanlagen, *Mitteilungen der Gesellschaft für Pflanzenbauwissenschaften* 19.

Gethke, K., Herbst, H., Montag, D., Köster, J., 2005, Abwasserbehandlung - Phosphorressource von morgen ? *Workshop der DWA-Arbeitsgruppe AK-1.1 „Phosphorrückgewinnung".*

Gruber, W., 2004, Biogasanlagen in der Landwirtschaft, 2. Überarbeitete Auflage, *aid Infodienst Verbraucherschutz, Ernährung, Landwirtschaft e. V.*

Hafner, S. D., Montes, F., Rotz, C.A., 2013, The role of carbon dioxide in emission of ammonia from manure, Atmosphere Environment, vol. 66, 63-71.

Hafner, S.D., Bisogni, J.J., 2009, Modeling of ammonia speciation in anaerobic digesters, *Water Research (42) 17, 4105-4114.*

Huijsmans, J.F.M., J.M.G. Hol, and M.M.W.B. Hendriks, 2001, Effect of application technique, manure characteristics, weather and field conditions on ammonia volatilization from manure applied to grassland, *Neth. J. Agr. Sci. 49:323-342.*

Katz, P. E., 1996, Ammoniakemission nach der Gülleanwendung auf Grünland, *Abhandlung zur Erlangung des Titels eines Doktors der Technischen Wissenschaften der Eidgenössischen technischen Hochschule Zürich.*

Lang, E., Beese, F., Jagnow, G., 1992, Einfluss von Wassergehalt und Salzen auf die Nitrifikation in Proben einer podsoligen Braunerde, *Zeitschrift für Pflanzenernährung und Bodenkunde, vol. 156, 83-87.*

Miehe, A. K., 2007, Biogaserzeugung aus landwirtschaftlichen Rohstoffen – Monitoring des Substratanbaus und der Gärrestverwertung in Schleswig-Holstein, *Freie Themen, Umwelt und Gesellschaft.*

Möller, 2011, Optimierung der Gärrestdüngung zur Reduzierung der Stickstoffemission und Optimierung der Humusbilanz, *KTBL-Tagungsband zum FNR/KTBL-Kongress, 20.-21- September in Göttingen: Biogas in der Landwirtschaft – Stand und Perspektiven.*

Ni, J., 1999, Mechanistic Model of Ammonia Release from Liquid Manure: a Review, *Journal of Agricultural Engineering Research, vol. 72, 1-17.*

Ni, J., 1999, Mechanistic models of ammonia release from liquid manure: a review, *Journal of Agricultural Engineering Research, vol. 72, 1-17*

Olesen, J. E., Sommer, S. G., 1993, Modelling effects of wind speed and surface cover on ammonia volatilization from stored pig slurry, *Atmospheric Environment, vol.* 27A, Nr. 16, 2567-2574.

Petersen, S. O., Andersen, M. N., 1996, Influence of soil water potential and slurry type on denitrification activity, *Soil Biology and Biochemistry* 28, 977-980.

Roelofs, J. G. M., 1986, The effect of air-borne sulphur and nitrogen deposition on aquatic and terrestrial heathland vegetation, *Experimentia 42, 372-377.*

Römer, W., 2013, Phosphor-Düngewirkung von P-Recyclingprodukten, *Korrespondenz Abwasser, Abfall 2013 (60), Nr.3.*

Schefferle, H. E., 1965, The Decomposition of Uric Acid in Built Up Poultry Litter, *Journal of Applied Bacteriology, Vol. 28, 412-420.*

Scheile, T., 2013, Effect of different mineral salt additions on NH_3 volatilization and trace gas emission in soils amended with cattle slurry, *Masterarbeit im wissenschaftlichen Studiengang Agrarwissenschaften an der Georg-August-Universität Göttingen.*

Schulz H., Eder B., 2007, BIOGAS-PRAXIS. Grundlagen - Planung - Anlagenbau - Beispiele – Wirtschaftlichkeit, *Ökobuch Verlag.*

Sherlock, R. R., Goh, K. M., 1984, Dynamics of ammonia volatilisation from simulated urine patches and aqueous urea applied to pasture, 2. Theoretical derivation of a simplified model, *Fertiliser research 5.*

Sommer, S. G., Génermont, S., Cellier, P., Hutchings, N.J., Morvan, T., Olesen, J.E., 2003, Processes controlling ammonia emission from livestock slurry in the field, *European Journal of Agronomy* 19, 465-486.

Sommer, S., Olesen, J., Christensen, B., 1991, Effects of temperature, wind-speed and air humidity on ammonia volatilization from surface applied cattle slurry, *Journal of Agricultural Science 117, 91-100.*

Sommer, S.G., Husted, S., 1995, The chemical buffer system in raw and digested animal slurry, *Journal of Agricultural Science, vol. 124, 45-53.*

Sommer, S.G., Lensen, L.S., Clausen, S. B., SOGAARD, H.T., 2006, Ammonia volatilization from surface-applied livestock slurry as affected by slurry composition and slurry infiltration depth, *Journal of Agricultural Science, Vol.* 144, 229-235.

Stroh, K., Köhler, J., Winkler, G., 2013, UmweltWissen – Schadstoffe: Ammoniak und Ammonium, *Bayerisches Landesamt für Umwelt.*

Stumm, W., Morgan, J.J., 1981, Aquatic chemistry, *2nd edn, New York: John Wiley & Sons.*

Van der Molen, J., Beljaars, A.C.M., Chardon, W.J., Jury, W. A., Vanfaassen, H.G., 1990, Ammonia volatilization from arable land after application of cattle slurry, 2. Derivation of a transfermodel, *Netherlands Journal of Agricultural Science, 1990,38 (3), 239-254.*

Vandré, R., Clemens, J., 1997, Studies on the relationship between slurry pH, volatilization processes and the influence of acidifying additives, *Nutrient Cycling in Agroecosystems, vol 47, 157-165.*

Wendland, M., Lichti, F., Heigl, L., 2009, Aspekte der Gärrestverwertung in der Landwirtschaft, *Bayerische Landesanstalt für Landwirtschaft, Neue Perspektiven für Biogas ?!*

Wikipedia, Aktivierung, http://de.wikipedia.org/wiki/Aktivierung_(Chemie), Abrufdatum: 22.09.2014.

Witter, E., Kirchmann, H., 1989a, Effects of addition of calcium and magnesium salts on ammonia volatilization during manure decomposition, *Plant and Soil, vol. 115, 53-58.*

Witter, E., Kirchmann, H., 1989b, Ammonia volatilization during aerobic and anaerobic manure decomposition, *Plant and Soil, vol. 115, 35-41.*

Witter, E., Kirchmann, H., 1989c, Peat, zeolite and basalt adsorbents of ammoniacal nitrogen during manure decomposition, *Plant and Soil, vol. 115, 43-52.*

Wörle, H., 2010, Ratgeber Biogas - Fachwissen kompakt, Planung, Finanzen, Substrate, Technik, Energie Einspeisung, Gärreste, Deutscher Landwirtschaftsverlag, 1. Auflage.

7. Anhang

Tabelle 4. NO_3- [mg NO_3-N kg^{-1} trockener Boden] und NH_4-Gehalte [mg NH_4-N kg^{-1} trockener Boden] des Bodens nach Beendigung des Versuchs (eigene Darstellung).

Behandlung	Wiederholung	Boden Trockengewicht [g kg^{-1}]	NO_3 [mg NO_3-N kg^{-1} trockener Boden]	NH_4 [mg NH_4-N kg^{-1} trockener Boden]
Kontrolle	1	901,76	166,73	14,26
Kontrolle	2	860,67	199,08	3,52
Kontrolle	3	852,76	191,75	0,89
Kontrolle	4	885,58	182,04	5,53
30 kg Mg ha^{-1}	1	863,71	185,74	0,05
30 kg Mg ha^{-1}	2	858,99	199,08	4,69
30 kg Mg ha^{-1}	3	871,16	205,38	5,04
30 kg Mg ha^{-1}	4	866,83	187,51	7,63
90 kg Mg ha^{-1}	1	864,81	179,95	6,76
90 kg Mg ha^{-1}	2	873,40	171,44	11,08
90 kg Mg ha^{-1}	3	872,55	176,11	11,19
90 kg Mg ha^{-1}	4	878,12	188,18	9,87
180 kg Mg ha^{-1}	1	880,66	154,27	25,04
180 kg Mg ha^{-1}	2	872,54	170,88	17,50
180 kg Mg ha^{-1}	3	867,20	156,52	24,12

Tabelle 5. NH_3-Verflüchtigung [mg NH_3-N $Topf^{-1}$] gemessen innerhalb der Töpfe (eigene Darstellung).

		Zeit nach Applikation (h)								
		18,5	40,75	74,25	100	129	177	224	266,25	320
Behandlung	Wiederholung	NH_3 [mg NH_3-N $Topf^{-1}$]								
Kontrolle	1	2,804	2,266	1,183	0,753	0,711	0,786	0,471	0,273	0,239
Kontrolle	2	2,812	2,546	1,750	1,112	0,895	0,798	0,453	0,212	0,170
Kontrolle	3	2,894	2,572	1,673	1,092	0,956	0,769	0,471	0,228	0,157
Kontrolle	4	2,928	2,547	1,750	1,157	1,001	1,074	0,513	0,301	0,264
30 kg Mg ha^{-1}	1	2,807	2,687	1,856	1,171	0,994	1,173	0,504	0,293	0,179
30 kg Mg ha^{-1}	2	2,828	2,387	1,448	0,953	0,845	0,881	0,457	0,252	0,223
30 kg Mg ha^{-1}	3	2,828	2,720	2,041	1,400	1,097	1,145	0,528	0,350	0,200
30 kg Mg ha^{-1}	4	2,828	2,503	1,667	1,084	0,912	1,078	0,482	0,339	0,189
90 kg Mg ha^{-1}	1	2,828	2,659	1,790	1,124	0,921	1,023	0,504	0,345	0,232
90 kg Mg ha^{-1}	2	2,828	2,569	1,839	1,236	1,015	1,170	0,543	0,415	0,252
90 kg Mg ha^{-1}	3	2,672	2,369	1,554	1,091	0,941	1,039	0,521	0,399	0,307
90 kg Mg ha^{-1}	4	2,809	2,392	1,342	0,912	0,789	0,788	0,464	0,310	0,240
180 kg Mg ha^{-1}	1	1,965	1,297	0,644	0,444	0,359	0,349	0,262	0,200	0,262
180 kg Mg ha^{-1}	2	2,537	2,241	1,390	0,973	0,770	0,739	0,461	0,349	0,382
180 kg Mg ha^{-1}	3	1,890	1,448	0,730	0,571	0,473	0,459	0,338	0,227	0,285

Tabelle 6. NH_3-Verflüchtigung [mg NH_3-N $Topf^{-1}$] gemessen außerhalb der Töpfe (eigene Darstellung).

		Zeit nach Applikation (h)								
		18,5	40,75	74,25	100	129	177	224	266,25	320
Behandlung	Wiederholung	NH_3 [mg NH_3-N $Topf^{-1}$]								
Kontrolle	1	0,027	0,019	0,000	0,000	0,000	0,000	0,003	0,000	0,003
Kontrolle	2	1,283	0,914	0,108	0,339	0,266	0,296	0,194	0,071	0,052
Kontrolle	3	0,843	0,644	0,068	0,218	0,174	0,159	0,109	0,044	0,037
Kontrolle	4	0,835	0,713	0,075	0,257	0,192	0,222	0,139	0,060	0,049
30 kg Mg ha^{-1}	1	0,447	0,412	0,040	0,138	0,100	0,136	0,080	0,000	0,000
30 kg Mg ha^{-1}	2	0,922	0,858	0,087	0,301	0,243	0,288	0,158	0,073	0,067
30 kg Mg ha^{-1}	3	0,862	0,802	0,083	0,290	0,212	0,272	0,135	0,069	0,046
30 kg Mg ha^{-1}	4	0,755	0,620	0,060	0,220	0,157	0,198	0,111	0,053	0,039
90 kg Mg ha^{-1}	1	1,011	0,932	0,090	0,303	0,243	0,313	0,175	0,101	0,054
90 kg Mg ha^{-1}	2	0,007	0,733	0,078	0,295	0,216	0,269	0,176	0,100	0,058
90 kg Mg ha^{-1}	3	0,667	0,660	0,075	0,244	0,186	0,257	0,145	0,089	0,090
90 kg Mg ha^{-1}	4	0,000	0,546	0,051	0,215	0,185	0,178	0,145	0,090	0,059
180 kg Mg ha^{-1}	1	0,000	0,000	0,000	0,000	0,000	0,000	0,000	0,003	0,004
180 kg Mg ha^{-1}	2	0,722	0,802	0,082	0,300	0,211	0,253	0,191	0,131	0,157
180 kg Mg ha^{-1}	3	0,000	0,000	0,000	0,000	0,000	0,000	0,000	0,000	0,000

Tabelle 7. Kumulierte NH_3-Verflüchtigung [mg NH_3-N $Topf^{-1}$] (eigene Darstellung).

		Zeit nach Applikation (h)								
		18,5	40,75	74,25	100	129	177	224	266,25	320
Behandlung	Wiederholung	NH_3 [mg NH_3-N $Topf^{-1}$]								
Kontrolle	1	2,831	2,285	1,183	0,753	0,711	0,786	0,474	0,273	0,241
Kontrolle	2	4,095	3,460	1,858	1,451	1,160	1,095	0,646	0,283	0,222
Kontrolle	3	3,737	3,216	1,741	1,310	1,130	0,927	0,580	0,271	0,195
Kontrolle	4	3,763	3,261	1,825	1,414	1,193	1,296	0,652	0,360	0,313
30 kg Mg ha^{-1}	1	3,254	3,099	1,896	1,309	1,094	1,309	0,584	0,293	0,179
30 kg Mg ha^{-1}	2	3,750	3,246	1,535	1,254	1,088	1,169	0,615	0,325	0,290
30 kg Mg ha^{-1}	3	3,690	3,522	2,124	1,689	1,309	1,417	0,664	0,418	0,246
30 kg Mg ha^{-1}	4	3,583	3,123	1,726	1,304	1,069	1,277	0,594	0,391	0,228
90 kg Mg ha^{-1}	1	3,839	3,591	1,880	1,427	1,164	1,336	0,679	0,446	0,286
90 kg Mg ha^{-1}	2	2,835	3,302	1,917	1,530	1,231	1,439	0,719	0,515	0,310
90 kg Mg ha^{-1}	3	3,338	3,029	1,629	1,336	1,127	1,295	0,666	0,488	0,397
90 kg Mg ha^{-1}	4	2,809	2,938	1,393	1,126	0,974	0,966	0,609	0,400	0,299
180 kg Mg ha^{-1}	1	1,965	1,297	0,644	0,444	0,359	0,349	0,262	0,203	0,266
180 kg Mg ha^{-1}	2	3,259	3,043	1,472	1,274	0,981	0,992	0,652	0,480	0,539
180 kg Mg ha^{-1}	3	1,890	1,448	0,730	0,571	0,473	0,459	0,338	0,227	0,285